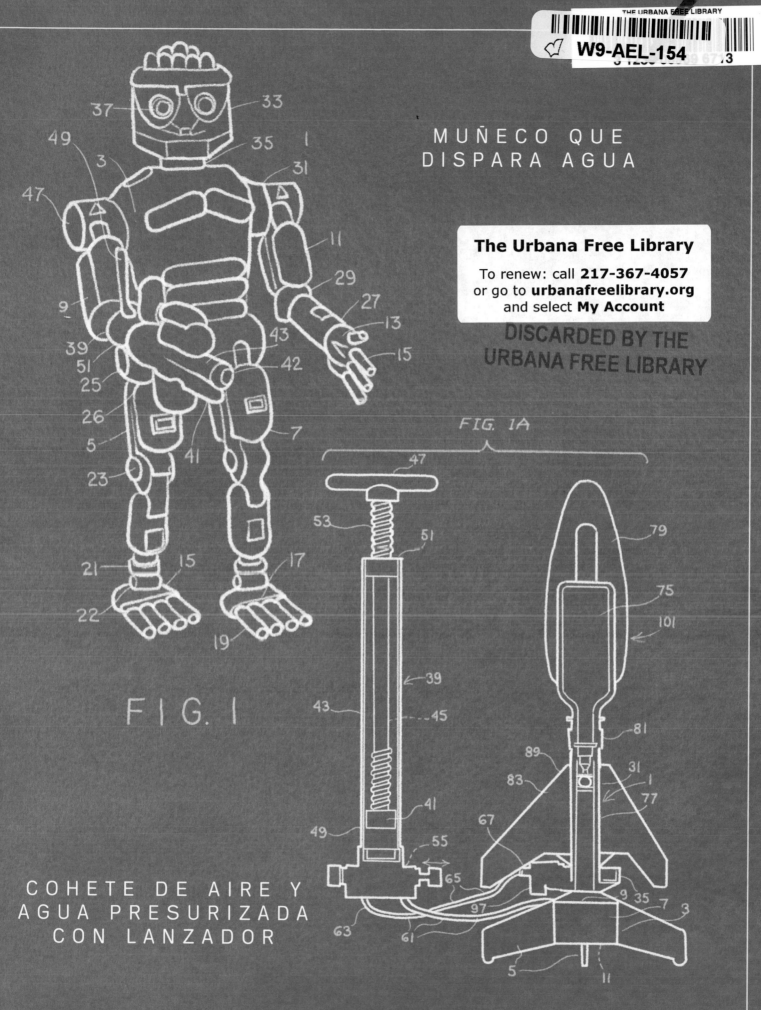

MUÑECO QUE
DISPARA AGUA

FIG. 1A

FIG. 1

COHETE DE AIRE Y
AGUA PRESURIZADA
CON LANZADOR

¡FUSHHH!

El chorro de inventos
SÚPER HÚMEDOS
de Lonnie Johnson

Chris Barton • Ilustrado por **Don Tate**
Traducido por **Carlos E. Calvo**

ᴍᴍ Charlesbridge

Para Fletcher
—C. B.

Para cada joven con grandes ideas
—D. T.

Published by Charlesbridge
85 Main Street
Watertown, MA 02472
(617) 926-0329
www.charlesbridge.com

Library of Congress Cataloging-in-Publication Data
Names: Barton, Chris, author. | Tate, Don, illustrator.
Title: ¡Fushhh!: El chorro de inventos súper húmedos de Lonnie Johnson /
Chris Barton; ilustrado por Don Tate; traducido por Carlos E. Calvo.
Other titles: Whoosh! Spanish
Description: Watertown, MA: Charlesbridge, 2018.
Identifiers: LCCN 2018015840 (print) | LCCN 2018016095 (ebook) |
ISBN 9781632898371 (ebook) | ISBN 9781632898388 (ebook pdf) |
ISBN 9781580892339 (hardcover) | ISBN 9781580895231 (softcover)
Subjects: LCSH: Johnson, Lonnie, 1949—Juvenile literature. | African
American inventors—Biography—Juvenile literature. | Inventors—United
States—Biography—Juvenile literature. | African Americans—Alabama—
Biography—Juvenile literature.
Classification: LCC T40.J585 (ebook) | LCC T40.J585 B3718 2018 (print) |
DDC 609.2 [B]—dc23
LC record available at https://lccn.loc.gov/2018015840

Printed in China
(hc) 10 9 8 7 6 5 4 3 2 1
(sc) 10 9 8 7 6 5 4 3 2 1

Illustrations created digitally using Manga Studio
Display type set in Space Toaster by Chank
Text type set in ITC Goudy Sans by Bitstream Inc.
Color separations by Colourscan Print Co Pte Ltd, Singapore
Printed by 1010 Printing International Limited in Huizhou, Guangdong, China
Production supervision by Brian G. Walker
Designed by Diane M. Earley

Cada día significaba un nuevo desafío para el joven Lonnie Johnson: el desafío de encontrar espacio para sus cosas. Los seis hermanitos Johnson vivían muy apretados en la pequeña casa de sus padres, en Mobile, Alabama. A Lonnie le hubiera encantado tener su propio taller, pero no había lugar. No había dónde guardar sus piezas para hacer cohetes...

disparadores de bambú...

armas con bandas elásticas...

partes del Erector...

motor de kart...

pernos, tornillos y otros repuestos sueltos que su papá
le había dejado sacar del cobertizo, además de muchas
otras cosas que había traido de la chatarrería.

A Lonnie le encantaba construir y crear. Las
ideas para inventar cosas no le dejaban de aparecer.

Él aprendió a hacer cohetes usando elementos básicos. Los niños de la escuela se juntaban para ver a Lonnie lanzar los cohetes.

También aprendió a fabricar combustible para cohetes. Una vez prendió fuego a la cocina, pero su mamá no le impidió que siguiera investigando. Sólo le dijo que trabajara afuera.

Lonnie deseaba pasar la vida diseñando cosas, construyéndolas y haciéndolas funcionar. Quería ser ingeniero. Pero cuando presentó un examen, el resultado fue que no era bueno para eso.

Su sueño estaba en peligro. Se desanimó mucho. Pero sabía que la persona que le había calificado el examen no conocía a Linex.

Lonnie había construido su propio robot inspirándose en un programa de televisión. Lo hizo con pedazos de chatarra y lo llamó Linex.

Unos cilindros de aire comprimido y unas válvulas hacían que Linex moviera el cuerpo y los brazos. Lonnie había conseguido los interruptores de una rocola vieja y rota. Y utilizó un grabador de cinta para programar a Linex. Como si todo eso fuera poco, los carretes de la cinta parecían los ojos del robot. Quiso concursar con el robot en una feria de ciencias pero no pudo hacer funcionar el transmisor. Sin transmisor, Lonnie no podía enviarle órdenes a Linex.

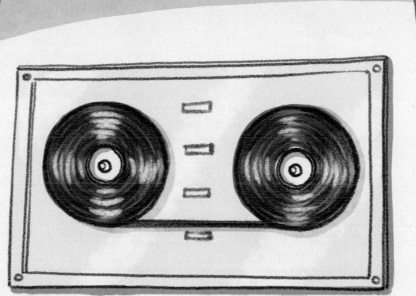

Cada vez que había una feria de ciencias Lonnie perdía la oportunidad de participar. Hasta que se le ocurrió una idea.

Tomó prestado el *walkie-talkie* de su hermanita, y aunque seguramente no le pidió permiso para ello...

...solucionó el problema de la transmisión. Entonces, el equipo de la escuela llevó a Linex, recién terminado, a la feria de ciencias de 1968 de la Universidad de Alabama, donde hasta hacía cinco años no se permitía la participación de estudiantes afroamericanos.

¿Tendría que competir en un lugar donde seguramente
no sería bienvenido? Eso *sí* que era un gran desafío.

El equipo de Lonnie compitió con otras escuelas del
estado y ganó el primer premio.

Al poco tiempo, Lonnie se fue de su casa para empezar su carrera universitaria en el Instituto Tuskegee, donde se destacó como persona creativa, ingeniosa y segura de sí misma.

Sobresalía por hacer preguntas precisas, que definía problemas con exactitud y que presentaba soluciones.

Y también sobresalía por ser el que construyó su estridente equipo de sonido con piezas de aparatos electrónicos que ya no se usaban. Y que además tenía luces que destellaban al ritmo de la música.

Lonnie solía estudiar durante sus propias fiestas. Ese estudio adicional valió la pena. Se graduó de ingeniero y se fue de Alabama para avanzar lejos...*muy* lejos.

Cuando la NASA envió la sonda espacial *Galileo* a la órbita de Júpiter, la agencia espacial quería asegurarse de tener un suministro constante de energía para hacer funcionar la memoria de la computadora de la sonda. Y el ingeniero que tuvo que pensar cómo hacerlo fue Lonnie.

GALILEO

ANTENA DE BAJA GANANCIA

PARASOLES

PROPULSORES

ANTENA RELÉ DE LA SONDA

PLATAFORMA DE ESCANEO

ANTENA
DE PLASMA

MÓDULO DE
RETROPROPULSIÓN

SONDA DE
JÚPITER

El desafío era construir un sistema de reserva liviano que pudiera mantener las funciones básicas en caso de un corte de energía.

No era una tarea fácil. Tampoco era obvio cómo se debía hacer. Pero Lonnie encontró una solución.

En el Laboratorio de Propulsión a Reacción de la NASA dudaron de la eficacia de su idea. Pero él los convenció de que funcionaría.

Y tenía razón.

El equipo de energía que Lonnie había diseñado le dio a *Galileo* energía suficiente para que pudiera seguir tomando fotografías de Júpiter y sus lunas. Gran parte de lo que sabemos de Júpiter podría no haberse sabido si no hubiera sido por Lonnie.

Seguían surgiendo más ideas para solucionar problemas.
Y podían surgir cuando Lonnie estaba trabajando junto
a cientos de personas en la NASA o cuando estaba solo
jugando con sus inventos hasta muy tarde en el taller que—
¡por fin!—había logrado tener.

Lonnie sabía que en el mundo había millones de refrigeradores y equipos de aire acondicionado que necesitaban un nuevo sistema de refrigeración que no usara el químico R-12, el cual es muy malo para el medioambiente. Y se le ocurrió una idea para reemplazarlo por agua y aire presurizado.

Para probar su idea, hizo una bomba y una boquilla...las conectó a la llave del grifo...abrió la llave, abrió la boquilla, y...

El chorro que explotó por todo el baño fue tan poderoso que creó un viento que hizo mover las cortinas. También le dio a Lonnie una idea para otro invento.

¡FUSH

Y pensó: "Esto sería una pistola de agua genial".

Primero debía buscar o fabricar las piezas, entre ellas una bomba suficientemente pequeña para que pudiera ser controlada por un niño.

Después tendría que pegar todas las piezas para hacer un prototipo, es decir una primera versión que después sería mejorada.

Finalmente, probó su extraña pistola de agua en un pícnic.

—¿Funciona de verdad? —preguntó un hombre.

—¡Claro! —contestó Lonnie—. ¿Quieres ver?

Lonnie activó el bombeador, que envió un chorro de aire a la cámara. Cuando Lonnie apretó el gatillo, el aire salió empujando el agua con mucha fuerza y...

¡FUS

Para que una batalla de agua sea justa, no puede haber solo una pistola de agua. Lonnie necesitaba ayuda para fabricar más.

Entonces fue a una compañía de juguetes...

y a otra...

y a otra más.

¡SÍ!

La palabra "no" aparecía una y otra vez.
Pero por fin, una compañía dijo "¡Sí!" ¡Y estuvo de acuerdo
en fabricar su pistola de agua!

Lonnie también tenía otros proyectos: un avión de juguete
propulsado con agua, dos tipos de motores y su sistema de
refrigeración. Consiguió inversores que pusieron dinero para
que sus ideas se convirtieran en productos que se pudieran
vender. Con una fe ciega, abandonó su empleo y se dedicó a
inventar a tiempo completo.

Pero los planes empezaron a fallar, hasta el plan de las pistolas de agua. Esto a veces ocurre. Pero cuando a la misma persona le falla un plan después de otro...realmente es mala suerte.

Lonnie no tenía trabajo. Tampoco tenía el dinero que necesitaba. Tuvo que dejar su casa y mudarse con su familia a un departamento pequeño. Estaba enojado y asustado.

Pero Lonnie se había enfrentado a desafíos toda su vida. Sabía muy bien resolver problemas. Y aún creía en sus inventos, especialmente en la pistola de agua. Por eso fue a buscar otra compañía de juguetes.

PIEZAS PARA PISTOLA DE AGUA

En 1989 encontró a un fabricante de juguetes que estaba interesado en ver la pistola de agua cuando Lonnie pasara alguna vez por Filadelfia.

—Pero no vengas especialmente para eso—le dijo el señor.

Y Lonnie fue especialmente para eso.

Llevó un nuevo prototipo en la maleta de su esposa. Lo sacó, llenó el tanque con agua y la bombeó hasta que la presión del aire fue tanta, que...

Todos los niños también exclamaban "¡Faaaa!" El juguete de Lonnie, llamado Súper Pistola de Agua, era un gran éxito. En poco tiempo se veían Súper Pistolas de Agua en los jardines, playas, parques y plazas. Cada Súper Pistola que se vendía significaba algo de dinero para Lonnie.

Todas las horas, y años, que Lonnie pasó en su taller habían dado grandes frutos. Ahora podía comprar lo que quisiera.

¿Y qué hizo?

Consiguió un taller más grande, que es donde trabaja ahora.
Porque enfrentar desafíos, resolver problemas y construir
cosas es lo que realmente le encanta a Lonnie Johnson.

Y sus ideas siguen surgiendo.

Nota del autor

La Súper Pistola de Agua

utiliza una bomba para comprimir el aire que hay en la cámara de agua. Eso le da presión al agua. Al apretar el gatillo, el agua presurizada sale y . . . ¡FUSHHH! Si buscas en internet "cómo funciona la pistola de agua de Lonnie Johnson" vas a encontrar muchísima información sobre su invento más famoso.* Pero si quieres entender mejor cómo trabaja él, cierra este libro, aléjate de la computadora, y pide permiso para desarmar algo y vivir esa experiencia en carne propia. Podrías empezar con una Súper Pistola de Agua.

Este libro comenzó con una charla que tuve con unas parejas de bibliotecarios en Texas a la hora del almuerzo. Habían participado hace poco en un seminario donde se les pidió a los asistentes que hicieran el dibujo de un científico.

La imagen más común era la de un hombre que se parecía a Albert Einstein: bata de laboratorio, pelo desordenado, piel blanca. El objetivo del ejercicio era mostrar que los científicos no siguen ese estereotipo y que existe diversidad.

Lo que los bibliotecarios aprendieron me interesó y para la hora de la cena ya había encontrado la historia del científico espacial afroamericano que inventó la Súper Pistola de Agua.

Lo que más me atrajo de Lonnie Johnson es que su historia aún no termina. En vez de tomar el dinero que ganó con la Súper Pistola de Agua y dejar de trabajar, siguió dedicando su esfuerzo a resolver uno de los rompecabezas de ingeniería más importantes de nuestros días. ¿De qué se trata? De aprovechar eficientemente la energía térmica —del Sol y otras fuentes— para generar la electricidad que necesitamos sin contaminar el planeta.

Me encantó hablar con Lonnie para la preparación de este libro. Nunca me había reído tanto durante una entrevista como cuando hablamos de su trabajo con Linex y de cómo su familia toleraba sus esfuerzos, o mejor dicho, cómo lo animaban. No es de sorprender que hoy, aunque continúa trabajando en sus proyectos, Lonnie Johnson dedique tiempo a animar a los científicos e ingenieros del futuro.

Espero que este libro también los anime.

* Durante su vida, Lonnie Johnson tuvo períodos de trabajar solo y períodos de trabajar en equipo. La pistola de agua que surgió en su baño recibió en un momento la ayuda de un constructor de prototipos llamado Bruce D'Andrade. El nombre de ambos aparece en la patente original de lo que se llegó a conocer como la Súper Pistola de Agua. Sin embargo, la viuda de Bruce, Mary Ann, dijo que su esposo consideraba a Lonnie como el único inventor.

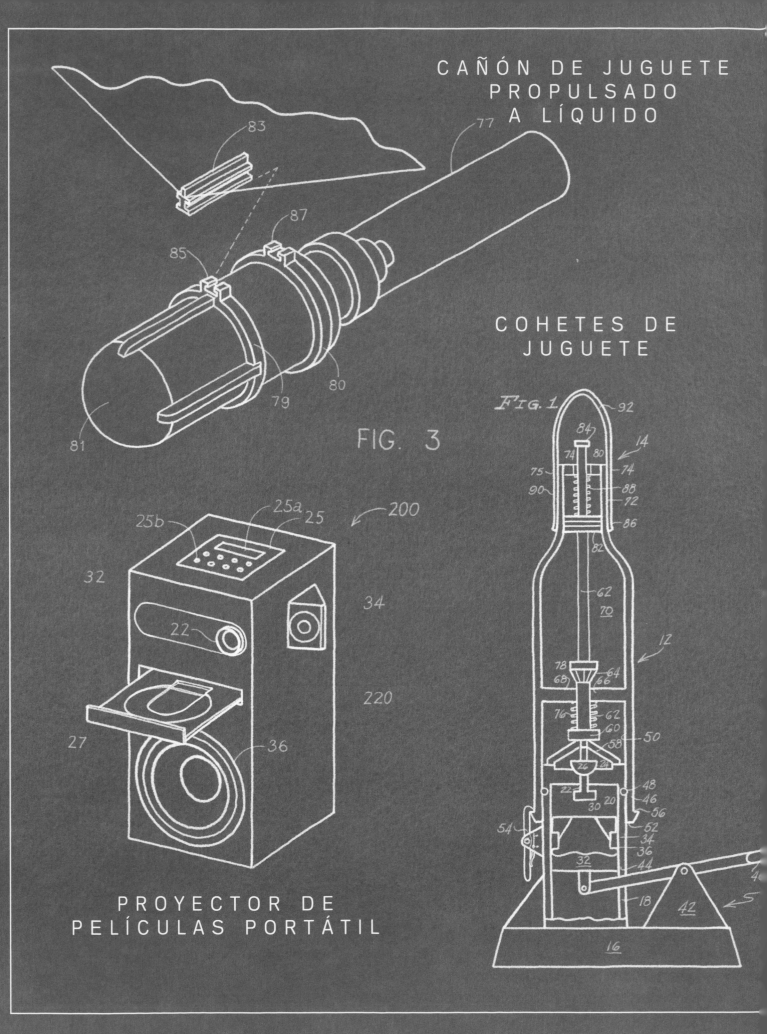

CAÑÓN DE JUGUETE
PROPULSADO
A LÍQUIDO

COHETES DE
JUGUETE

FIG. 3

Fig. 1

PROYECTOR DE
PELÍCULAS PORTÁTIL